中国潮菜

非遗美食

果蔬类

第2版

肖文清 ◎ 编著

SPM 南方出版传媒
广东科技出版社 | 全国优秀出版社
·广州·

图书在版编目（CIP）数据

中国潮菜．果蔬类／肖文清编著．—2版．—广州：
广东科技出版社，2021.12
ISBN 978-7-5359-7779-3

Ⅰ．①中… Ⅱ．①肖… Ⅲ．①粤菜—菜谱
Ⅳ．① TS972.182.653

中国版本图书馆 CIP 数据核字（2021）第 229360 号

中国潮菜：果蔬类（第 2 版）

Zhongguo Chaocai: Guoshu Lei

出 版 人：严奉强
项目统筹：颜展敏　钟洁玲
责任编辑：张远文　李 杨　彭秀清
装帧设计：友间文化
责任校对：于强强
责任印制：彭海波
出版发行：广东科技出版社
　　　　　（广州市环市东路水荫路 11 号　邮政编码：510075）
销售热线：020-37607413
http://www.gdstp.com.cn
E-mail: gdkjbw@nfcb.com.cn
经　　销：广东新华发行集团股份有限公司
印　　刷：广州一龙印刷有限公司
　　　　　（广州市增城区荔新九路 43 号 1 幢自编 101 房　邮政编码：511340）
规　　格：720mm×1 000mm　1/16　印张 8.5　字数 170 千
版　　次：2021 年 12 月第 1 版
　　　　　2021 年 12 月第 1 次印刷
定　　价：56.80 元

如发现因印装质量问题影响阅读，请与广东科技出版社印制室联系调换（电话：020—37607272）。

序一
烹饪与教育结出硕果
——肖文清与他的中国潮菜

第2版"中国潮菜"系列书脱胎于广东科技出版社在1998年出版的"中国正宗潮菜"系列书,一套4册,分别是《中国潮菜:水产类(第2版)》《中国潮菜:畜禽类(第2版)》《中国潮菜:果蔬类(第2版)》《中国潮菜:甜菜类(第2版)》,共收入240道潮菜。过去20多年,潮菜飞速发展,所以第2版的菜式图片全部重新拍摄,并结合实际情况更新了30多道菜肴,而且全书版式焕然一新。

作者肖文清是元老级中国烹饪大师、中国潮菜烹饪界德高望重的一代宗师、潮汕餐饮行业领军人物、汕头市非物质文化遗产代表性项目"潮菜(潮州菜)烹饪技艺"传承人。17岁那年,他以优异的成绩毕业于汕头市服务学校厨师班,进入当时整个粤东地区最高档的接待单位——汕头大厦厨房工作。在那里,他善于钻研,勤于实践,获名师悉心培养,专业学识和刀鼎厨艺快速提升。与一般厨师不一样的是,肖文清除了擅长烹调、点心操作技术,还专心于理论研究,在潮菜传承、创新方面有独到见解。1979年,肖文清开始进入潮菜教育培训领域,兼任汕头地区商业技工学校教师。从此,他在烹饪实操和潮菜教育两条战线上同时发力:一边钻研技艺,创新潮菜;一边负责编写教材,培养新一代厨师。1984年,他成为汕头市饮食服务总公司副总经理,分管4个集体企业公司,同时兼任汕头市饮食服务行业技术培训中心主任,主抓潮菜技能培训,对烹饪的高技能人才进行升级辅

导。为配合教育培训，他访问老行尊，结合自己的工作实践，先后主持编写了《中国潮州名菜谱》《中国烹饪大师作品精粹·肖文清专辑》《正宗潮汕菜精选》等潮菜书籍。1998年在广东科技出版社出版的"中国正宗潮菜"系列书（全4册），就是这一阶段的成果。

几十年来，肖文清教育培训出的烹饪技术人才、餐饮服务人才成千上万。其中，通过考核的中式烹调师技师、高级技师达400多人，他们中有内地、港澳从事潮菜烹调的从业人员，也有来自国外的潮菜厨师。2005年肖文清获得中国烹饪协会颁发的"中华金厨奖最佳教育成就奖"。

可以说，在潮菜的烹饪和教育这两个领域，他都获得了丰硕成果。

2003年之后，他退而不休，多次带队到新加坡、泰国、马来西亚、中国香港、中国澳门、中国台湾等国家和地区举办"潮汕美食节"。肖文清的代表菜品有"红炖海螺""红炆海参""红炆海鳗""红萝卜馔""满地黄金"等。

潮菜诞生于潮汕平原，这里面朝大海，盛产名贵海味，农产品丰富，且烹饪技艺传承久远。本系列书依据食材大类，分成水产类、畜禽类、果蔬类、甜菜类4册。需要说明的是，潮菜的传统名肴，囊括了燕翅鲍参肚等高档食材，鱼翅曾是高端潮菜的主角。近年来，随着环保呼声日高，国际社会倡导不吃鱼翅，保护体形超大的大白鲨、鲸鲨、姥鲨等。在我国，2012年国务院发布新规，严禁公务接待食用鱼翅。在个人消费上，虽从未明令禁止，但我们也不提倡吃鱼翅。第2版我们保留了鱼翅相关菜肴，目的是让读者了解潮菜的历史传承和复杂的烹饪技法，举一反三，从而学会运用新的食材，烹制出健康环保的菜式。

潮菜是粤菜的三大流派之一，它传承久远，根深叶茂。改革开放以来，潮菜同样发生了翻天覆地的变化，很多传统名菜已经更新迭代。第2版"中国潮菜"系列书正是潮菜的迭代成果，这是对现当代潮菜烹饪技艺的一次总结。多年来，肖文清还负责潮汕地区烹调厨师和点心师等级考试、餐饮服务行业等级标准考核的命题及国家职业技能鉴定中式烹调师（粤菜）题库的修订。这样的资历，让本系列书具备了专业性和权威性。

本系列书涉及炊（蒸）、炆、炖、煎、炸、炒、泡、焗、扣、清、淋、灼、烧、卤等十几种烹饪方法，每款菜式详细列出选料配料、用量规格、制作步骤，简入浅出，通俗易懂，既适合专业厨师参考，也适合广大业余烹饪爱好者阅读。

相信第2版"中国潮菜"系列书的出版，将对潮菜在海内外的传承和传播起到积极的推动作用。

钟洁玲

资深编辑，美食作家

2021年8月28日

序二
潮菜的发展与特色

　　潮菜是粤菜三大流派之一，发源于潮州府，根植于潮汕大地，历经千余年的发展，以其独特风味自成一体。潮菜包括所有讲潮汕话地区的地方菜，人们又称之为潮汕菜、潮州菜。目前潮菜不仅风靡南粤，走俏神州，而且饮誉海外，香飘五洲，影响广泛而深远。

　　潮汕地处闽粤边界，位于东南沿海，韩江下游，北回归线横穿而过，气候温和，雨量充足，土地肥沃，物产极为丰富。这都是潮菜赖以发展的物质基础。

　　潮菜的形成和发展，源远流长。早在秦以前潮州为闽越，"以形胜风俗所宜，则隶闽者为是"，因此潮菜的渊源可追溯到古代闽越之时，其特色与闽菜有同源之处。秦以后潮州改属广东，潮菜也与广府菜一样受中原饮食文化的影响而得以提高。盛唐时代，被贬至潮州任刺史的韩愈，就曾写过《初南食贻元十八协律》一诗，是古代介绍潮汕饮食特殊风味的代表作。诗里记录了潮汕人民食鲎、蚝、蒲鱼、蛤、章举（章鱼）、马甲柱等数十种海鲜。由此可见，当时的潮汕人已有相当水平的烹饪技艺，不仅能利用当地的海鲜产品烹煮带有自己地方特色的菜肴，还晓得将盐、酱、醋、椒和橙等作为调味佐料。韩愈在传播中原文化的同时，也促进了中原的饮食文化与潮汕当地的饮食文化两相融合，久而久之，形成了独特的南方烹饪流派——潮菜。

　　中国菜素有"色、香、味、形、器"五大要素，唐代以后的宋、元、明历代对潮菜烹调技术和餐具器皿都有记载。曲阜孔府内有清代制造的银质餐具一套，这套餐具打制得精美豪华，是专为清代高级宴会——满汉全席用的，计404件，可上196道菜。其造型仿古，形状逼真，栩栩如生，有象形、鱼形、鸭形、鹿头形、寿桃形、瓜形、枇杷形等。器皿的印鉴清晰可见，分别为潮阳店及汕头的颜和顺老店。这套餐具保存在孔府，但它出自潮汕人之手，在潮汕当地打制，这说明清代潮汕饮食文化水准之高。至清末民初，汕头市作为新兴的通商口岸崛起，国内外商贾云集，市场繁荣，酒楼菜馆林立，名厨辈出，名菜纷呈，潮菜进入了一个飞跃发展的时代。20世纪30年代初，汕头市就有"擎天酒楼""陶芳酒楼""中央酒楼"等颇具规模的高档酒楼。

中华人民共和国成立后，潮菜烹调又有新的发展。特别是改革开放的春风带来了潮汕地区经济的腾飞，沿海城镇居民生活水平有较大的提高。汕头市作为经济特区和华侨众多的侨乡，商务往来、华侨探亲和旅游观光日益频繁，使饮食市场空前繁荣。大中型、多层次的酒店、宾馆、酒家、风味餐馆如雨后春笋般迅猛发展，潮菜进入了鼎盛发展时期。

潮菜的主要烹调技法有炆、炖、煎、炸、炊（蒸）、炒、焗、泡、卤、扣、清、淋、灼、烧、煴、羔烧、蜜浸等十几种，其中炆、炖具有独特风味。炆的主要特色是先用旺火，让气流击穿物料的机体，瓦解其纤维，然后改用慢火收汤，使物料逐渐吸收辅料之精华，融为一体，使之浓香入味，烂而不散；爆炒爽脆香滑，炊（蒸）、清、泡、淋尤为鲜美，保留了食材的原汁原味；卤的风味特殊；等等。因此，潮菜的风味特色是清而不淡、鲜而不腥、素而不斋、肥而不腻。

潮菜用料广博，其特色有"三多一突出"。

其一，水产类品种特别多。在唐代韩愈的诗中，就记录了当时潮汕人喜食的鲎、蚝、蒲鱼、章鱼、马甲柱等水产品，还有数十种是他不认识的，这令他大为惊叹。清嘉庆年间的《潮阳志》记载："邑人所食大半取于海族，鱼、虾、蚌、蛤，其类千状，且蚝生、虾生之类辄为至美。"可见千百年来，这些海产品一直是潮菜的主要用料，因而以烹制海鲜见长是潮菜的一大特色。

其二，素菜多样，依时而变。此处所说的"素菜"是指素菜荤做，用肉类熻、焖而成的菜，上席时见菜不见肉，使其达到"有味使之出，无味使之入"的境地。青蔬软烂不糜，饱含肉味，鲜美可口，令人饱享天然蔬鲜真味，素而不斋。名品有厚菇芥菜、玻璃白菜、护国素菜等数十种，以及近期推出的红萝卜羹、西芹羹、珠瓜羹等绿色食品菜肴，是粤菜系中素菜类的代表。素菜用料则随时令季节而变，所用的青蔬有大芥菜、大白菜、番薯叶、苋菜、西芹、菠菜、通心菜、黄瓜、冬瓜、珠瓜、豆腐、发菜、竹笋等，既体现田园风味，又有潮汕特色。

其三，甜菜品种多。潮汕地区属亚热带气候，历史上是蔗糖的生产区之一。潮汕人民很早以前就掌握了一套制糖的方法，为制作甜菜提供了基本原料。甜菜主要原料包括动物性和植物性两大类。动物性方面，有飞鸟禽兽、海味等；植物性方面，有瓜、果、豆、薯等。甜菜的选料不乏名贵原料，如燕窝、海参、鱼翅骨、鱼脑等，而更普遍、更具地域特色的是取材于本地四季盛产的蔬果和谷类，如南瓜、香瓜、姜薯、芋头、番薯、冬瓜、荸荠（马蹄）、柑橘、豆类、糯米等。在烹调技术的运用上根据原料各自的特点，采用一系列不同的制作工艺，使品种多姿多彩；

此外，猪肥肉、五花肉等荤料也可入菜做成上等名肴，登上大雅之堂。代表品种有金瓜芋泥、太极芋泥、羔烧白果、羔烧姜薯、炖鱼翅骨、绉纱莲蓉等。

最后，突出的是酱碟佐料丰富。潮菜中之酱碟佐料是其他菜系所不及的。酱碟是潮菜烹调的主要助味品，上至筵席菜肴，下至地方风味小食，基本上每道菜都必配以各式各样的酱。在烹调过程中，热处理容易使菜肴的色泽和味道受到影响，此时，可发挥酱料的辅助作用，使菜肴达到色、香、味、形俱佳。潮菜酱碟的搭配比较讲究，什么菜搭配什么酱料，正所谓"物无定味，适口者珍"。如明炉烧响螺，同时搭配梅膏酱和芥末酱；生炊膏蟹必配姜米浙醋；生炊龙虾应配桔油；肉皮冻、蚝烙要配鱼露；卤鹅肉要配蒜泥醋；牛肉丸、猪肉丸要配上红辣椒酱等。酱碟品种繁多，味道有咸、甜、酸、辣、涩、鲜等，色泽有红、黄、绿、白、紫、棕等，真是五光十色。

此外，潮菜筵席也自成一格，例如：大喜席用12道菜，其中包括咸、甜点心各一件。喜席有两道甜菜，一道作头甜，一道押席尾，头道清甜，尾菜浓甜，寓意生活幸福，从头甜到尾，越过越甜蜜；有两道汤（羹）菜，席间穿插上工夫茶，解腻增进食欲。如此种种，潮菜与广府菜、客家菜的风格迥然不同。

"中国潮菜"系列书是将传统潮菜和现今改革、创新菜肴相结合，经整理而写成的，以分册的形式出版。该系列书于1998年10月首次出版，已重印多次。2021年应广东科技出版社的邀约，根据潮菜制作技术的更新、菜肴的创新等重新制作、拍摄、编写了该系列书的第2版，以符合当代读者的需要。第2版"中国潮菜"系列书由《中国潮菜：水产类（第2版）》《中国潮菜：畜禽类（第2版）》

《中国潮菜：果蔬类（第2版）》《中国潮菜：甜菜类（第2版）》共4册组成。

在长期发展过程中，潮菜、广府菜、客家菜构成粤菜的三大流派，互相影响，共同提高。本系列书的出版，不但为粤菜（潮菜）添光增色，而且可作为烹饪技术人员和家庭烹饪爱好者的实用参考书。

本系列书中的菜品在制作、拍摄和编写过程中，得到多位大师和汕头市南粤潮菜餐饮服务职业技能培训学校老师的鼎力配合，他们是钟昭龙、高庭源、陈汉章、陈汉宁、肖伟忠、张进忠、陈进华、肖伟贤、黄光延、吴文洪等，在此表示衷心的感谢！

肖文清

2021年6月

目录

绣球白菜

特点

形似绣球花，醇香软滑。

原料					
大白菜	1 000克		鸡　肉	200克	
熟火腿	15克		鸡　腱	100克	
胡椒粉	0.5克		湿香菇	25克	
芹菜茎	50克		味　精	5克	
生　粉	15克		精　盐	10克	
猪瘦肉	300克		生　油	750克（耗100克）	
上　汤	500克				

制法

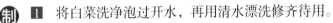 将白菜洗净泡过开水，再用清水漂洗修齐待用。

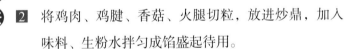 将鸡肉、鸡腱、香菇、火腿切粒，放进炒鼎，加入味料、生粉水拌匀成馅盛起待用。

③ 把大白菜放在砧板上整棵逐瓣拨开，将菜心切掉，再将剩下白菜切瓣插入其间隙处，装上馅料。然后将各瓣菜叶围绕包密，用芹菜茎扎紧，蘸上生粉水，放进六成热的油鼎炸透捞起。在砂锅里放上竹篾片，再放入炸好的白菜包，加入上汤，盖上猪瘦肉及4个香菇，先以旺火后转小火炖1小时左右取出，取去猪瘦肉，将原汤加味精，生粉水勾芡淋上即成。

玻璃白菜

原料

白　菜	1 500克	
草　菇	25克	
火　腿	25克	猪五花肉　250克
味　精	5克	精　盐　3克
麻　油	5克	生　粉　10克
上　汤	400克	生　油　500克（耗100克）

制法

1. 将白菜洗净晾干，取用茎部，切成6厘米长茎段待用。

2. 炒鼎上火，放进生油，烧至七成热，把白菜下鼎熘炸过捞起，再放进鼎里和入上汤、味料、草菇，盖上猪五花肉。先用旺火后转慢火，约炆30分钟取出盛碗，放进蒸笼炊10分钟，上菜时翻过盘，摆上火腿末，用原汤和生粉水勾芡，淋上包尾油即成。

蟹黄白菜

原料

大白菜	1 000克	蟹　黄	100克
排　骨	150克	鸡　蛋	1个
上　汤	750克	干　贝	10克
鱼　露	10克	味　精	5克
鸡　油	20克	生　粉	10克

特点　色泽鲜艳，清香嫩滑，饱含肉味。

制法

1. 先将每一棵大白菜切成对半,洗净。再将清水放入已洗净的炒鼎中,待水滚时,把大白菜投进滚水中,稍滚捞起,立即放进冷水漂一下,再捞起,压干水分待用。

2. 将蟹黄放在餐盘中,放进蒸笼炊熟,然后用刀切成粒状待用。再把干贝洗净,用热水浸,并放进蒸笼炊10分钟,取出捞干,用刀压成干贝丝,连汤待用。

3. 将排骨斩成4块,飞水后,同上汤一起放进汤窝,再将汤窝放入蒸笼炊30分钟取出,把排骨捞起,将上汤过滤,待用。

4. 将炒鼎洗净,放入上汤、干贝及汤,再把已加工好的大白菜放进鼎内,先用中火煮滚,后用慢火炆5分钟,把大白菜捞起,放在鲍盘或汤窝中,要摆叠好。然后在原汤中加入鱼露、味精、蟹黄煮滚,再将鸡蛋取出鸡蛋白,搅匀,慢慢倒入,再用生粉和清水调稀,勾芡,最后加入鸡油搅匀,淋在白菜上面,即成蟹黄白菜。

炆金钱冬瓜

原料

冬　瓜	2 500克	
鸡　肉	500克	
猪五花肉	250克	
猪肉皮	100克	
味　精	5克	
二　汤	1 250克	
笋　花	12个	

水发竹笙	125克
湿冬菇	80克
火　腿	20克
精　盐	5克
麻　油	5克
绍　酒	10克
生　油	500克（耗50克）
生　粉	10克

特点 润滑溶化，浓郁香醇。

制法

1. 先将冬瓜刨去皮，然后用刀切成12块方块，将靠皮的青部分1.2厘米厚处改为圆形，直径约为6厘米。再用小尖刀雕成金钱形状待用。把鸡肉、猪肉皮切块，猪五花肉切成大片，同时把鸡肉、猪肉皮飞水后捞起待用。

2. 把炒鼎洗净烧热，放入生油，待油温约160℃时，把冬瓜放进油鼎中炸过，捞起，再把冬菇也用油炸过待用。把油倒掉，然后将鸡肉、猪五花肉片、猪肉皮一起放进鼎内用少量油炒。炒至有香味时，调入绍酒再炒，加入二汤、2.5克精盐，煮滚，用慢火熬15分钟待用。

3. 另用洗净的炒鼎，放上竹笪垫底，把已炸过的冬瓜排放在竹篾片上，再将汤料倒入，用盖盖密，慢火炆10分钟后，取出冬瓜块和原汤，其他的骨肉料都不要。然后把冬瓜块和汤汁重新放进鼎内，再加入竹笙、冬菇、2.5克精盐、5克味精，稍炆3分钟，再加入笋花、火腿片，用薄生粉水勾芡，加麻油、包尾油。用餐盘把金钱冬瓜、冬菇、笋片、火腿片分别摆砌好，再淋上茨汁即成。

银珠猴蘑

原料

猴头菇	200克			
豆腐	200克			
墨鱼胶	100克			
蘑菇	50克			
芹菜末	10克			
鸡蛋	1个	净笋片	100克
猪五花肉	250克	排骨	200克
西兰花	150克	上汤	750克
精盐	25克	味精	8克
生粉	50克	胡椒粉	0.2克
麻油	3克	生油	100克

特点 鲜香入味，嫩滑清爽。

制法

1. 先将猴头菇用清水浸泡，并且加入精盐20克，约浸2小时后，把猴头菇进行揉洗，同时用清水进行漂洗几次，再用清水浸泡1小时。洗净捞起，压干水分待用。再将豆腐用刀压烂成泥，加入精盐2克、味精2克、胡椒粉0.1克、鸡蛋白、生粉20克、麻油1克，并将墨鱼胶投入一起搅拌均匀，然后挤成12粒丸状，放在已抹上生油的餐盘上，点缀上芹菜末，放入蒸笼用中火炊5分钟即熟，待用。

2. 将蘑菇切成厚片，西兰花洗净用刀改件待用。再将猴头菇改成大小一致的块状，猪五花肉和排骨切成4～5块。把炒鼎洗净烧热，放入生油50克，同时放入猴头菇和笋片炒过，加入上汤600克，把猪五花肉、排骨盖在猴头菇的上面，用慢火炆20分钟，炆至看不见汤汁即可。然后把猴头菇摆砌在大碗内压实，将猪五花肉、排骨捡掉，把已炆好的猴头菇反盖在餐盘上待用。

3. 将西兰花飞水后，把炒鼎烧热放入生油，将西兰花和蘑菇爆炒过，分别围在猴头菇的周围，再把已炊熟的豆腐丸围在周边。将剩下的上汤调上味，用生粉开稀勾芡，上包尾油，淋上即成。

厚菇芥菜

原料

大芥菜心	1 000克	熟瘦火腿	10克
浸发厚香菇	75克	猪五花肉	500克
猪　骨	500克	火腿骨	50克
精　盐	10克	味　精	5克
胡椒粉	0.5克	麻　油	5克
绍　酒	10克	生　粉	10克
食用纯碱	5克	上　汤	50克
淡二汤	1 000克		
鸡　油	50克		
猪　油	500克（耗75克）		

特点

菜香浓郁，嫩烂软滑，风味独特。

012

制法

1. 将芥菜心洗净，切成两半。猪五花肉切成5块，火腿骨切成5片，猪骨砍成5段。

2. 炒鼎放在炉上，下滚水2 500克，加食用纯碱，放入芥菜，约焯半分钟取出，用清水漂去碱味。剥净芥菜的外膜。炒鼎洗净放在中火上，下鸡油，放入香菇略炒，加上汤50克和味精1克约煮半分钟盛起。

3. 用中火烧热炒鼎，下猪油，烧至五成热，放入芥菜心过油约半分钟，倒入笊篱沥去油后倒入竹篾片垫底的砂锅里。将炒鼎放回炉上，放入猪五花肉、猪骨、火腿骨略炒，烹绍酒，加二汤、精盐后倒入砂锅中加盖，用中火炆约40分钟取出。去掉猪五花肉块、猪骨、火腿骨，加入香菇，再炆约10分钟取出（留下浓缩原汁200克待用）。将菜排在盘中，香菇放在盘的四周，火腿排在菜心上面。

4. 炒鼎洗净后放在炉上，倒入原汁，加味精4克及胡椒粉、麻油，用生粉调稀勾芡，淋在菜心上面即成。

酿珠瓜段

原料

珠　瓜	600克	
猪瘦肉	200克	
虾　肉	100克	鸡　蛋　1个
上　汤	500克	湿香菇　15克
蒜头米	25克	味　精　5克
精　盐	3克	胡椒粉　0.5克
麻　油	3克	生　粉　10克
生　油	500克（耗100克）	

特点　色泽鲜绿，甘香可口。

 制法

1. 先将珠瓜成条切去头尾，挖去瓜籽，用滚水泡过后漂过冷水沥干待用。

2. 把猪瘦肉、虾肉用刀切成粒后，剁成茸。再把香菇剁成末，和入味料，加入蛋液、生粉拌匀成馅，酿入珠瓜中间，在瓜的两头蘸上干生粉。

3. 炒鼎上火，放进生油，候油温约180℃时把酿好的珠瓜放进鼎里熘炸过捞起，放进已垫好竹篾片的砂锅，和入蒜头米、味料、上汤。先用旺火煲滚，后用慢火炆30分钟，取出后用刀切段砌在盘里，用原汤和生粉水勾芡淋上即成。

花开富贵

原料

椰菜花	1个（约700克）		
干　贝	30克	排　骨	250克
鸡　粉	15克	西兰花	1个（约400克）
鸡胸肉	100克	鸡　蛋	1个
味　精	5克	精　盐	4克
蟹　黄	75克	生　粉	5克
胡椒粉	0.1克	麻　油	2克
猪　油	100克		

特点 软烂香滑，造型美观。

016

1 先将椰菜花整个修整取净，呈圆形，西兰花用刀改成小件，用清水洗净，滤干水分。排骨斩成6件，鸡胸肉用刀剁成鸡茸待用。干贝洗净后，用温水浸30分钟后待用。

2 将排骨、干贝放进锅里垫底，加入鸡粉10克、精盐4克、清水1 000克、猪油50克，再将椰菜花整个放进。然后先用旺火煮滚，后转用中火炆约20分钟，把整个椰菜花盛在餐盘的中间，排骨和干贝不要，原汤留用。再在炒鼎中放进清水煮滚，投入西兰花，稍滚一下捞起，把鼎里的水倒掉，将鼎烧热，放入猪油，再倒入西兰花爆炒，调入鸡粉、麻油，然后用筷子逐件夹放在椰菜花的周围。

3 把蟹黄（如果没有蟹黄可用咸蛋黄代替）炆熟后切碎，放在已炆好的椰菜花顶中间。再用碗盛着鸡蛋白，用竹筷把蛋液搅打均匀，然后加入鸡茸、少许生粉，搅拌均匀。将炒鼎洗净，把原汤汁过滤倒入鼎内，加入味精，将鸡茸蛋液徐徐倒入，边倒边搅拌均匀（防止生粒）。最后加入胡椒粉、麻油，搅匀后淋在椰菜花上面即成。

八宝素菜

原料

白　菜	750克	红萝卜	100克
熟笋尖	100克	发　菜	5克
腐　枝	75克	香　菇	20克
炸好面筋	50克	莲　子	100克
		上　汤	400克
		猪五花肉	250克
		味　精	5克
		麻　油	3克
		生　粉	10克

特点　色彩美观，香滑可口，素而不斋。

018

1 将白菜洗净切段，红萝卜切成角尖形。再把香菇、发菜、莲子、腐枝分别浸泡洗净待用。

2 把白菜、笋尖、腐枝、红萝卜、莲子分别放进油鼎，用中油熠炸过捞起，逐样放在鼎里，并放入面筋，和入味料、上汤，盖上猪五花肉，约炆30分钟取出（先旺火后慢火），逐样砌进碗里。上菜时倒翻过盘，用原汤和生粉水勾芡淋上即成（发菜要放在碗中间）。

酿金钱黄瓜

原料

黄　瓜	750克	猪瘦肉	200克
鲜虾肉	100克	湿香菇粒	15克
猪白膘肉	15克	味　精	5克
香菇片	15克	精　盐	5克
胡椒粉	0.5克	生　粉	10克
上　汤	300克	生　油	500克（耗50克）

特点

味道清爽，香滑软烂。

 制法

1. 先将黄瓜刨去皮切成环（约12个），挖去瓜内瓢籽，洗净晾干待用。

2. 将猪瘦肉、鲜虾肉剁成茸，猪白膘肉剁碎，和入香菇粒、味料、生粉拌匀成馅，分别酿入12个瓜环内，把香菇片贴在肉的中间，瓜的两头要撒上生粉。

3. 炒鼎上火，放进生油，候油温约180℃时将酿好的黄瓜放进热油里熘炸过捞起。再放进锅里和入上汤、味料，约炆30分钟取出，摆砌在餐盘里，用原汤加入生粉水勾芡淋上即成。

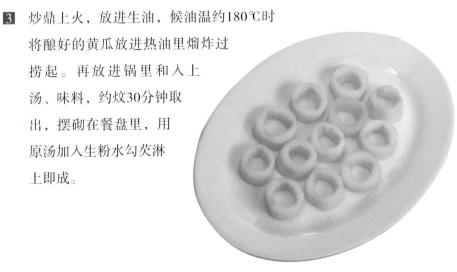

冬笋炆菇

原料

湿香菇	100克	冬笋尖	250克
猪五花肉	500克	上 汤	200克
味 精	5克	麻 油	3克
生 粉	10克	酱 油	少许
猪 油	500克（耗50克）		

制法 将香菇用清水浸泡、洗净、沥干，再将笋尖放进滚水煮熟后，同香菇一起下鼎熘炸捞起。把笋尖、香菇一起放进锅里，盖上猪五花肉，和入味料、上汤，约炆20分钟，取出猪五花肉，用生粉水拌匀，排砌在盘里即成。

棋子豆腐

原料

豆　腐	750克			
方　鱼	50克			
火腿片	25克	湿冬菇	100克
猪白膘肉	150克	猪瘦肉	200克
鲜虾肉	200克	鸡　蛋	2个
味　精	5克	猪　油	25克
生　粉	35克	上　汤	150克
精　盐	5克			

制法

1. 将豆腐先炊后去净表面的老皮，放在砧板上用刀压成细泥，盛在竹箕片内沥干水分，放在碗内，加入鸡蛋白拌和。猪白膘肉切末；部分火腿片切末；方鱼去皮去骨，取出鱼肉剁成末；鲜虾肉洗净，用干净白布吸干水分，拍成虾胶。将上述几种末和虾胶放入豆腐内，加入味精、精盐拌匀，用一块干净白布将豆腐卷起，两头用绳扎紧，中间依次扎牢。然后放入滚水锅内煮熟取出，再放入冷水内浸一浸取出，剥去白布，放在砧板上，用刀切成象棋子大小待用。

2. 烧热炒鼎，投入上汤，放入猪瘦肉、豆腐、冬菇、味精、精盐，用小火炆入味（约15分钟），将豆腐取出排在盘中（把猪瘦肉去掉，另作别用），冬菇围在豆腐一边，火腿排在豆腐另一边，随即将原汤汁加入味精、精盐，烧滚后，用生粉打芡推匀加猪油，淋在豆腐上面即成。

炆厚菇珠瓜

原料

珠　瓜	1 000克	湿香菇	50克
猪五花肉	500克	蒜头米	50克
排　骨	150克	味　精	5克
		胡椒粉	0.5克
		麻　油	3克
		生　粉	10克
		上　汤	300克
		生　油	500克（耗50克）

特点　浓香烂滑，美味适口。

制
法

1 先将珠瓜切去头尾，用竹签挖去瓜内的瓜籽，洗净放进鼎里用滚水泡过，漂过冷水晾干。

2 炒鼎上火，放进生油，候油热时把珠瓜、香菇、蒜头米分别放进油里熘炸过沥干，再把珠瓜放进鼎里。将排骨斩件，盖上猪五花肉，和入香菇、蒜头米、上汤、味料炆30分钟，将排骨和猪五花肉捞起，将珠瓜放在砧板上，切成3厘米长的块砌进盘里。盘的一边跟上香菇，用原汤加生粉水勾芡淋上即成。

炆豆腐盒

特点 豆腐幼嫩，浓郁香醇。

原料

豆　腐	12件	干草菇	60克
鲜虾肉	250克	鸡　肉	100克
猪肥肉	25克	火　腿	15克
湿冬菇	40克	鸡　蛋	1个
精　盐	6克	味　精	15克
鸡　油	25克	猪瘦肉	200克
麻　油	10克	方鱼末	15克
腐　皮	2张		
虾　米	30克		
上　汤	750克		
生　粉	18克		
生　油	25克		

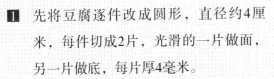

制法

1. 先将豆腐逐件改成圆形，直径约4厘米，每件切成2片，光滑的一片做面，另一片做底，每片厚4毫米。

2. 将鲜虾肉洗净拍扁，剁成泥，然后用炖盅盛起，加入精盐3克、鸡蛋白、5克味精，用筷子搅打成虾胶，然后将鸡肉、20克冬菇、猪肥肉、火腿等均切成细粒后一起投入虾胶内轻力搅拌均匀，作为馅料候用。方鱼去皮去骨后取肉制成方鱼末待用。

3. 将豆腐的一面拍上生粉，然后酿上馅料，再用光滑一面的豆腐盖在上面。用餐碟盛起，放进蒸笼炊5分钟，取出放进炒鼎中的竹箦片上，逐件排列好，再在豆腐上面盖2张腐皮候用。

4. 干草菇浸洗干净，压干水分后用碗盛起，加入味精5克、精盐1克、鸡油25克、上汤100克。将猪瘦肉切成大片，在中间扎几个孔盖在草菇上面，用蒸笼炊20分钟取出待用（取出后猪瘦肉捡掉不用）。

5. 将剩下的猪瘦肉和冬菇切成丝，同虾米一起放进已烧热并有少量生油的鼎内炒香。然后加入上汤、精盐，用慢火炆10分钟，再把肉丝汤料倒放在盖豆腐的腐皮上面，用慢火炆5分钟便可。把腐皮连同肉丝料卷起，去掉不用，再将豆腐逐件捡起放在餐盘间，将原汁留用，把草菇围在餐盘周边，将原汁放进鼎内加入味精，用薄生粉水勾芡，再加入麻油和包尾油，淋在豆腐上面，后把方鱼末撒在上面即成。

鸡茸发菜

原料

发　菜	20克		大白菜	600克
鸡胸肉	200克		鸡　油	50克
上　汤	600克		精　盐	6克
味　精	8克		胡椒粉	0.1克
麻　油	2克		生　油	500克（耗75克）
生　粉	5克		猪肉皮	1块（约200克）

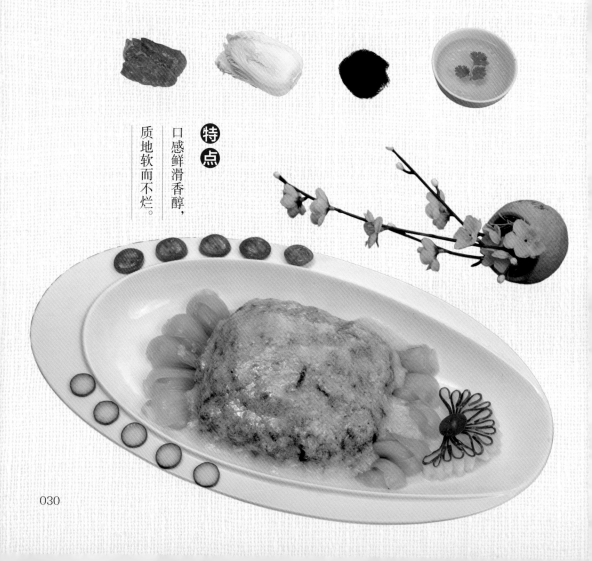

特点

口感鲜滑香醇，质地软而不烂。

 制法

1　先将发菜用清水浸30分钟，然后用清水漂洗干净，压干水分待用。大白菜开瓣，用清水洗干净待用。将鸡胸肉用刀切成细粒，然后把猪肉皮摊布在砧板上，将鸡肉粒放在猪肉皮上，用刀剁成鸡茸，盛在碗内，加入精盐2克、味精2克，少量生粉和清水调稀待用。

2　把炒鼎洗净，烧热倒入生油，待油温约180℃时把大白菜放入油内炸过捞起，鼎内油倒出。把鼎放回炉位，放入已浸洗好的发菜，稍炒过，放在一边，再将大白菜也放在一边，倒入上汤400克，用慢火炆约15分钟，再加入精盐、味精、胡椒粉，用生粉水勾芡。加入鸡油、麻油，用餐盘盛着，先将大白菜垫底，然后把发菜放在大白菜的上面。

3　把炒鼎洗净，倒入上汤200克煮滚，再把已调好味的鸡茸料徐徐倒入鼎内，边倒边搅均匀（切勿生粒，否则会影响质量），淋在发菜上面即成。

碧绿豆腐盏

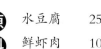

原料

水豆腐	25克			
鲜虾肉	100克			
蟹黄	10克			
青豆	20粒			
猪肥肉	50克			
冬笋肉	25克	方鱼末	15克	
冬菇	10克	鸡蛋	1个	
生菜远	12条	味精	8克	
鸡粉	10克	精盐	8克	
麻油	10克	胡椒粉	0.2克	
生油	1 000克（耗75克）			
生粉	10克	小碟子	10个	

特点

味道鲜醇，外香内嫩。

制法

1. 先将水豆腐用白布沥去水分，放在砧板上用刀压烂。把冬菇浸洗干净，压干水分，冬笋肉用清水煮熟，然后把鲜虾肉、冬菇、冬笋肉、猪肥肉分别切成细粒状，用大碗盛着，同时放入豆腐、鸡粉5克、味精3克、精盐3克、胡椒粉、方鱼末，搅拌均匀，再加入生粉、蛋液、麻油拌匀待用。

2. 将小碟子抹过生油，把拌好的豆腐料分别放入碟内，用手抹平，每碟放上青豆2粒、蟹黄1粒。然后放进蒸笼炊约6分钟取出晾干。再将炒鼎洗净烧热，放进生油，待油温约180℃时，把豆腐盏放入油中，用中火炆约5分钟待用。

3. 把已炆好的豆腐盏放进餐盘中，再在剩下的汤汁中加入鸡粉、味精2克煮滚，用稀薄生粉水勾芡淋上。然后将炒鼎洗干净，放进少量生油，把已洗净的生菜远放入鼎内，用温油炒制，加入味精、精盐，用筷子取出，拼围在豆腐盏周围即成。

特点

鲜嫩香醇，色泽美观。

银杏白菜

原料				
银　杏	150克		小白菜	10棵
红　枣	10粒		上　汤	300克
精　盐	5克		味　精	5克
胡椒粉	0.2克		麻　油	3克
生　油	150克			
生　粉	15克			

制法

1 先将银杏用清水煮熟，然后打破壳取肉，用清水滚过，再用清水漂洗去掉外膜待用。小白菜修整整齐，洗净待用。红枣洗净用清水浸泡过。

2 将炒鼎洗净，烧热放入生油50克，放入银杏先炒过，然后倒一半上汤和红枣炆3分钟，用碗盛起。把鼎洗净烧热，放入生油100克烧热，投入小白菜爆炒，然后加入上汤，同时把银杏、红枣一起倒入，但小白菜、银杏、红枣各放一边，炆3分钟。

3 用圆形餐盘，把已炆好的小白菜逐棵夹起砌放在盘间，菜头向中间，然后把银杏围在菜叶的周围，中间放上红枣，将原汤加入精盐、胡椒粉、味精，用薄生粉水勾芡，再加入麻油搅匀淋上即成。

黄瓜炒虾仁

原料

鲜虾肉	250克	黄　瓜	250克
湿香菇	15克	葱　段	20克
红　椒	10克	精　盐	2克
味　精	2克	胡椒粉	0.5克
麻　油	1克	生粉水	30克
生　油	1 000克（耗50克）		

特点 鲜嫩爽滑，味道可口。

制法 1 用刀在虾背上片一刀，去肠；湿香菇、红椒均切角，黄瓜开切四半，去瓜瓤后切段状。

2 精盐、味精、胡椒粉、麻油和生粉水和匀调成碗芡。

3 炒鼎下油至120℃，黄瓜段过油至熟捞起，虾用精盐、味精拌均匀后上浆，待油温至150℃左右时，下虾泡油至熟捞起。

4 香菇角、红椒角、葱段略炒后，加入黄瓜、虾仁、碗芡，炒匀后下包尾油起鼎装盘即成。

冬菇炆双笋

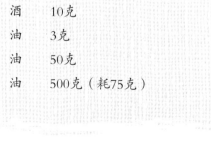

原料				
玉米笋	250克			
芦笋	300克			
湿冬菇	100克（约10个）			
上汤	800克			
排骨	250克	猪五花肉	200克
味精	5克	绍酒	10克
胡椒粉	0.3克	麻油	3克
粟粉	20克	鸡油	50克
精盐	5克	生油	500克（耗75克）

制法

1. 先将玉米笋切去头部小部分，芦笋切成2段，冬菇去蒂洗净，压干水分待用。排骨斩成4块，猪五花肉切成4件，洗净候用。

2. 将炒鼎洗净烧热，倒入生油，待油热时，把冬菇、玉米笋、芦笋分别炸过待用。然后把鼎内的生油倒出，将鼎放回炉位，放入少量生油，把排骨、猪五花肉放入略爆炒，加入绍酒，倒出待用。

3. 取出砂锅，把竹箧片放在里面垫底，分别放入玉米笋、冬菇、芦笋，再把已炒好的排骨、猪五花肉盖在上面，加入上汤、精盐、胡椒粉、味精2克，盖密，用慢火炆20分钟后，将排骨、猪五花肉拿掉不用。

4. 把已炆好的玉米笋和冬菇摆砌在盘的两端，把芦笋摆砌在中间。然后将原汤倒入鼎内，调入味精，用粟粉开稀勾芡，再加入麻油、鸡油搅匀，均匀地淋上即成。

039

四宝素菜包

原料

发 菜	50克	鲜笋肉	50克
鲜草菇	50克	红萝卜	50克
大白菜	500克	鸡 蛋	1个
上 汤	300克	精 盐	5克
味 精	6克	胡椒粉	0.2克
麻 油	0.3克		
生 粉	40克		
生 油	200克		

特点 软烂有汁，清醇香滑。

1 先将发菜用清水浸泡2小时后，再用清水漂洗几次待用。把大白菜拆瓣，飞水，再用清水漂凉，捞干待用。把鲜草菇洗净，同鲜笋肉、红萝卜分别切成细丝。

2 先把炒鼎洗净，放入清水，候水滚时，把鲜笋丝、红萝卜丝分别放进滚水滚过捞起。再把鼎洗净烧热，放入生油，先把笋丝、红萝卜丝、草菇丝分别炒过。然后将发菜、三丝同时放入，再加入上汤200克、精盐、味精、胡椒粉、麻油炆过。炆至收汤时，用适量生粉水勾芡，用餐盘盛起，便成馅料。

3 将大白菜叶逐叶摊开，分别包上馅料，做成枕头状，在包接口处，蘸上鸡蛋白。共制成10件，便成素菜包。

4 把炒鼎洗净烧热，放进生油，把素菜包的接口一面向鼎内放，用中火略煎片刻。然后加入上汤、味料炆3分钟，用餐盘盛着，剩下的汤汁用湿生粉勾芡，淋在上面即成。

绿岛藏金银

 原料

红萝卜	150克	金针菇	100克
银　耳	30克	鲜笋肉	100克
腐　枝	100克	西兰花	400克
上　汤	500克	猪五花肉	300克
排　骨	200克		
精　盐	5克		
味　精	5克		
麻　油	3克		
生　粉	10克		
生　油	500克（耗50克）		

制法

1. 先把红萝卜刨去皮，同鲜笋肉用刀切成三角条形状；银耳用温水浸泡30分钟，洗净；腐枝用剪刀剪成约5厘米长待用；金针菇、西兰花分别洗净，再把西兰花切成小件待用。

2. 将炒鼎洗净，放入生油，候油热时，分别把红萝卜条、鲜笋条、腐枝略炸过，捞起待用。

3. 把鼎洗净，将鲜笋肉、红萝卜、金针菇、银耳、腐枝放入，再把猪五花肉和排骨切成几块盖在上面。倒入上汤、精盐，用慢火炆20分钟，然后把猪五花肉、排骨拿掉不用。再把鲜笋肉、红萝卜、腐枝、金针菇、银耳分别摆放在碗内，银耳要放在中间，倒入剩下的汤汁，便成炆好的菜料。

4. 把已炆好的菜料放入蒸笼炊10分钟，然后取出，反转盖在鲍盘间，使汤汁泌出。再把西兰花爆炒过，调入味料，围在菜料的周围。再把汤汁调入味精，用生粉水勾芡，加入麻油搅匀淋在上面即成。

护国素菜

原料

番薯嫩叶	1 000克	浸发草菇	10克
熟瘦火腿	25克	精　盐	3.5克
味　精	3.5克	麻　油	5克
生　粉	15克	食用纯碱	10克
上　汤	500克	鸡　油	50克
猪　油	150克		

特点

色泽碧绿，汤羹稠浓，香醇软滑。

制法

1. 将番薯叶摘去叶梗后洗净待用，将草菇切粗粒，火腿切细粒。

2. 炒鼎内放滚水2 500克，加入食用纯碱，放入番薯叶焯约半分钟捞起，用清水冲泡去碱味后用干净毛巾吸干水分，用刀在砧板上剁碎，待用。炒鼎洗净放在中火上，下猪油50克烧热之后，放入草菇和上汤200克，约炆5分钟盛起。

3. 炒鼎洗净放在中火上，下猪油100克，放入番薯叶略炒，加入草菇（连同汤）、上汤300克、精盐、味精约煮5分钟，用生粉调稀勾芡，加麻油和鸡油推匀盛起，撒上火腿粒即成。

注：如果没有番薯叶，可用菠菜叶、苋菜叶、菾菜叶、通菜叶代替。烹制过程相同。

红萝卜羹

 原料

红萝卜	750克	干 贝	75克
上 汤	180克	精 盐	5克
味 精	5克	鸡 粉	10克
胡椒粉	0.1克	生 油	100克
鸡 油	50克	粟 粉	50克

 特点

色泽鲜艳美观，口感柔滑香醇，营养丰富，系绿色食品。

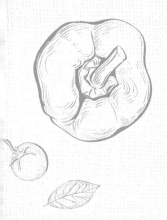

制法

1 先将红萝卜刨掉皮，洗干净，用刀切成片。再把鼎洗净，放入清水，投入红萝卜片，煮滚，候滚约5分钟时捞起，过一下冷清水，捞干待用。干贝用清水洗净后用温水浸约20分钟待用。

2 把红萝卜片用食品搅拌器搅成红萝卜泥，倒出待用。

3 将鼎洗净，先放入生油稍热一下，然后倒入上汤180克，再倒入已搅烂的红萝卜泥和干贝，加入鸡粉、精盐，煮滚；再加入味精、胡椒粉，搅均匀，再把粟粉同少量清水调稀成生粉水，然后逐渐倒入红萝卜羹内，边倒边搅均匀，最后加入鸡油搅匀，用汤窝盛起即成。

造型美观，色呈菠绿，口感香滑，系绿色食品。

绿菠豆腐

 原料

菠菜叶	800克
鲜淮山	200克
元　贝	15克
上　汤	600克
日本豆腐	3条
精　盐	5克
猪　油	600克
鸡　油	50克
味　精	5克
食用纯碱	10克

制法

1. 先将菠菜叶洗净。炒鼎内放进600克清水，煮滚，再放入食用纯碱滚均匀，放进菠菜叶灼过，立即捞起，放进凉清水，漂洗几次。漂至菠菜叶没有碱味，并呈现绿色为止，待用。

2. 鲜淮山去净皮，切块，放进蒸笼炊熟，取出，趁热用刀压烂，成淮山泥待用。再把已灼好的菠菜叶晾干水分，放进搅拌机搅烂。元贝炊熟后撕成丝，待用。

3. 把日本豆腐切成10块。将炒鼎烧热，放进猪油，待油温至180℃时，投入豆腐炸至呈金黄色，捞起待用。同时将元贝丝炸脆待用。

4. 将炒鼎洗净，烧热，放进猪油、菠菜泥、上汤、精盐，一齐煮滚。再投入味精、淮山泥，搅拌均匀，再煮滚。最后加入鸡油搅匀，起鼎。装进10个有点火保温的盅，放上一块炸好的豆腐，再把元贝丝点缀在豆腐上面即成。

冬瓜干贝羹

原料

冬　瓜	500克		
干　贝	75克		
上　汤	1 000克		
芹　菜	50克		
精　盐	5克	味　精	5克
胡椒粉	0.1克	麻　油	3克
猪　油	50克	粟　粉	50克

制法

1 先将冬瓜去皮洗净，用瓜刨刨成细丝状。干贝先用清水洗净，然后用温水浸泡一小时后，再用手捏碎，成自然丝状，连汤待用。芹菜洗净去叶，用刀切成细粒候用。

2 将炒鼎洗净，放进上汤，倒入干贝丝（连汤），待煮滚时，再放入冬瓜丝煮滚。让其滚几下，出现泡沫时，用铁勺舀掉泡沫，然后加入精盐、味精、胡椒粉搅均匀。再用清水把粟粉开稀，徐徐倒入鼎内，边倒边搅匀（防止生粒，影响质量）。最后加入猪油、麻油搅均匀，用汤窝盛着，再把芹菜粒撒在上面即成。

注：如果没有上汤，可用同样分量的清水代替，但要加入鸡粉10克。

蟹肉珠瓜羹

原料

蟹	肉	400克
珠	瓜	600克
上	汤	1 000克
精	盐	5克
味	精	5克
麻	油	3克
猪	油	50克
粟	粉	15克
食用纯碱		2克

制法

1. 先将肉蟹腌死，放进蒸笼炊熟，取出待冷却。然后把熟蟹进行拆壳取肉（在取蟹肉时，要注意蟹肉不要带有蟹壳碎，否则影响质量）。

2. 把珠瓜洗净，切开挖取出瓜籽，切成小块。把炒鼎洗净放入清水、食用纯碱、珠瓜块，一起煮至滚，捞起，用清水漂去碱味，捞干候用。放入食品搅拌器搅烂，或用刀在砧板上剁烂也可。

3. 将炒鼎洗净，放入上汤、珠瓜、精盐，煮滚，再加入味精，用清水把粟粉开成稀生粉水徐徐倒入，边倒边用铁勺搅匀。然后加入猪油、麻油再搅拌均匀。最后撒上蟹肉，稍搅拌均匀倒入汤窝即成。

鱼茸西芹羹

原料

西　芹	600克	鲜鱼肉	300克
上　汤	1 000克	精　盐	6克
味　精	6克	鸡　蛋	1个
胡椒粉	0.2克		
麻　油	2克		
粟　粉	10克		
猪　油	70克		
食用纯碱	2克		

特点

清鲜细滑，保
健食疗，有降
压功能。

制法

1. 先将西芹去掉叶，洗净切成小块。把炒鼎洗净放进清水、食用纯碱、西芹一起煮滚捞起，用清水漂过捞干，用小型食品搅拌器搅烂成浆待用。鲜鱼肉起去鱼皮，同时起掉小骨，用刀刮成鱼泥，再用刀在砧板上均匀地剁成鱼茸待用。

2. 将鸡蛋白盛在碗里，用竹筷搅打均匀，加粟粉2克、味精2克、胡椒粉和鱼茸，再搅打均匀候用。

3. 将炒鼎洗净，放入上汤700克，待上汤煮滚时，把已搅好的西芹浆倒入，加入剩下的味精、精盐，煮滚约3分钟后，把剩下的粟粉用少量清水开稀，徐徐倒入，边倒边搅均匀。然后加入猪油50克和麻油，用汤窝盛着。再把鼎洗净，放入上汤300克，待上汤滚时，将调好味料的鱼浆徐徐倒入，边倒边搅均匀，最后加入猪油20克，再搅均匀，淋在西芹羹上面（淋的造型随意，可淋太极型，也可淋其他造型）即成。

鲜芡芋粒鼎

原料

鲜芡实	200克	净芋头	300克
红萝卜	50克	虾米	25克
芹菜	10克	上汤	300克
鸡粉	10克	精盐	7克
		胡椒粉	0.2克
		麻油	2克
		生油	500克（耗25克）
		生粉	5克

特点 清鲜醇香。

制法 先将鲜芡实洗净，沥去水分，净芋头用刀切成粒状，红萝卜去皮，用刀雕成小花（花样自选或切成小片都可），虾米用清水浸洗干净，待用。

2 把鼎烧热，放入生油。待油温约180℃时将芋粒倒入鼎内，用中慢火炸熟（炸芋粒时要注意火候，才能保持芋粒的白色度），然后把油倒出，鼎内放入清水，候水滚时放进红萝卜片，滚过捞起。

3 把鼎洗净，放入上汤、鲜芡实、虾米、红萝卜片煮滚，然后加入已炸过的芋粒、鸡粉、精盐、胡椒粉，再煮滚，煮约5分钟后，用清水开生粉，勾成芡，最后加入麻油，搅匀倒入小不锈鼎，撒上芹菜粒。上席时用酒精炉加热即成。

烟筒白菜

原料

白　菜	750克			
猪瘦肉	100克			
鲜虾肉	200克			
鸡　蛋	1个			
方　鱼	20克	湿香菇	15克	
发　菜	5克	上　汤	200克	
生　油	500克（耗100克）			
味　精	10克	咸　草	2条	
精　盐	5克	胡椒粉	0.5克	
麻　油	5克	生　粉	10克	

特点

色泽美观，形似烟筒，香滑鲜嫩。

制法

1. 先将白菜拆瓣洗净，泡过滚水后，漂过水晾干。将白菜瓣用刀修齐，发菜洗净晾干待用，香菇用刀剁碎成末。方鱼去皮去骨取肉制成方鱼末待用。

2. 将猪瘦肉、鲜虾肉剁成茸，加入鸡蛋白，和入味料挞成胶后，掺入方鱼末、香菇末拌匀成馅待用。

3. 在白菜瓣上撒上生粉，把肉馅放在白菜上面，再把发菜放在肉上面，然后卷成条状，用咸草扎紧。

4. 炒鼎上火，放生油，候至七成热时放入菜条熘炸过捞起。再将上汤、味料倒入鼎里，把菜条炆过取出，将咸草去掉，放在砧板上切成4厘米×2.5厘米的块，砌在盘里放进蒸笼炊热，取出原汤勾芡淋上即成。

特点

色呈棕黄，
浓香适口。

酿金钱菇

 香菇（厚菇）　12个

原 料			
鲜虾肉	300克	马蹄肉	100克
猪白膘肉	50克	上　汤	200克
火腿末	15克	味　精	5克
胡椒粉	0.5克	精　盐	3克
生　粉	10克	鸡　油	50克

制法

1. 将厚菇用剪刀剪去菇蒂，用清水泡浸至身软，漂洗干净，沥干水分。把炒鼎烧热，放入鸡油，同时放入厚菇，炒香后，再放进上汤及精盐1克，用慢火炆10分钟，待冷却，沥干汤汁待用。

2. 将马蹄肉切成细粒，猪白膘肉切成细粒。

3. 将虾肉洗净捞干，用洁白布吸干水分，放在砧板上，用刀先拍破，然后剁细，剁至起胶。用炖盅盛着，加入精盐、味精、生粉，用筷子搅拌成虾胶，加入马蹄肉粒、猪白膘肉粒，搅拌均匀，待用。

4. 把厚菇逐件拍上生粉后，酿上虾胶，放上火腿末，排放在餐盘上，放进蒸笼炆10分钟便熟。取出后将剩下的上汤和入味料，用薄生粉水勾芡淋上即成。

玉枕白菜

原料

白　菜	500克		
猪瘦肉	150克		
鲜虾肉	150克	马蹄肉	100克
湿香菇	15克	生　油	500克（耗100克）
方鱼末	10克	鸡　蛋	3个
味　精	5克	精　盐	3克
胡椒粉	0.5克	生　粉	10克

特点 软滑鲜嫩，形似玉枕。

制法

1 将白菜瓣取出软叶（外瓣不用），泡过滚水，漂过清水后晾干。

2 将猪瘦肉、虾肉切成粗粒并剁成茸，掺入马蹄肉、香菇、方鱼末并和入味料，与生粉水拌匀捏成20个肉馅待用。

3 将白菜瓣拆开撒上生粉，把肉馅放在菜叶上面，包成3厘米长的长方形小枕包，蘸上蛋液，在油鼎里熘炸3分钟，沥干油分。再炆10分钟取出砌在盘里，把原汤勾芡淋上即成。

百花白玉卷

原
料

冬　瓜	500克	鲜虾肉	200克
猪肥肉	5克	火　腿	5克
方鱼末	5克	精　盐	5克
鸡　蛋	1个	猪　油	10克
		上　汤	200克
		生　粉	15克
		味　精	5克
		精　盐	5克
		麻　油	2克
		胡椒粉	0.1克
		生　油	500克（耗20克）

制法

1. 将冬瓜去皮、籽，用刀切成6.5厘米×12厘米的块，再用刀片成12片薄片，然后把鼎洗净烧热，放入生油，候油温至180℃，将冬瓜片放入炸过，捞起，用清水漂洗干净待用。

2. 将鲜虾肉洗净，用洁白布吸干水分，放在砧板上用刀拍成泥，然后剁成茸，用炖盅盛起，加入精盐3克、鸡蛋白10克、味精5克，用竹筷搅均匀至起胶，待用。再把猪肥肉、火腿切成细粒，和生粉5克、方鱼末投入虾胶内搅均匀。再把冬瓜片各片摊开拍上生粉，放入虾胶，卷成筒状，摆入餐盘。

3. 把鸡蛋白抹在冬瓜卷的表面上，放入蒸笼炊约8分钟后取出，把盘内汤汁倒掉，再用上汤调上味料，用生粉水勾成薄芡加入猪油搅匀，淋在冬瓜卷上面即成。

白玉藏珍

原料

冬　瓜	1块（约600克）			
鸡　腱	50克			
鸡　肝	50克			
鲜虾肉	100克	鲜草菇	50克	
鸡　肉	100克	精　盐	5克	
味　精	8克	上　汤	500克	
生　粉	20克	粟　粉	10克	
绿车厘子	1粒	生　油	750克（耗100克）	
胡椒粉	0.1克	麻　油	2克	

特点 造型美观，口感清鲜，质地嫩香。

制法

1. 先将冬瓜刨去外表的青皮，用刀切成15厘米×9厘米的长方块，然后在中间挖10厘米×6.8厘米的方块，不要见底，再将挖出的方块片出约2厘米厚的近皮部分，余者待用。

2. 把鲜虾肉、鸡腿、鸡肝、草菇洗净，分别切成丁状，调上味料和生粉。然后把炒鼎洗净烧热，放入生油，待油温约180℃时，先将冬瓜放入鼎内炸过，捞起用清水漂掉油渍，沥干水分，用大碗盛着。再放入上汤、精盐1克，盖密，放进蒸笼炊30分钟取出待用。

3. 将鲜虾肉、鸡肉、鸡腿、鸡肝丁、鲜草菇分别放入鼎内炒熟待用，再把已炊熟的冬瓜块整块用餐盘盛着，把肉料倒入已挖孔内，抹平，然后把另一块冬瓜盖上，再用炊冬瓜的上汤加入味精、精盐、麻油，用粟粉开稀水勾芡，上包尾油，淋在冬瓜上面，把绿车厘子放在冬瓜的正中间即成。

石榴白菜

原料

大白菜	500克			
熟笋肉	50克	湿冬菇	20克
莲 子	20克	鲜虾肉	50克
火 腿	20克	红萝卜	50克
鸡 肉	50克	芹菜茎	20克
精 盐	4克	鸡 粉	5克
味 精	4克	胡椒粉	0.1克
生 粉	30克	猪油或生油	100克
麻 油	2克		

特点 清鲜软爽，香醇可口。

1 将大白菜拆瓣，拆出12叶大瓣（如果没有12叶大的，可用2叶小的接成1叶大的用）。然后用清水洗净，再在滚水中灼软，并用清水漂凉，捞起，用手压干水分待用。再将莲子洗净，用清水煮滚，约煮20分钟后，捞起放进餐盘，放入蒸笼炊15分钟取出待用。

2 把鲜虾肉、鸡肉、熟笋肉、冬菇、红萝卜、熟莲子分别切成细粒状，火腿切成碎粒状，再将虾肉、鸡肉分别调入味料，加入少量生粉搅匀。然后将炒鼎洗净，放入清水煮滚。先把芹菜茎灼过捞起，再把红萝卜粒煮过捞起待用。把炒鼎洗净烧热，放入少量生油，将虾肉、精盐、味精、鸡粉、麻油炒均匀，用薄生粉水勾芡，用餐盘盛起候凉便成馅料。

3 把白菜叶摊开，拍上薄生粉，分别上馅料，包成石榴形状，用芹菜茎把收口扎紧，然后排放在餐盘上，放进蒸笼炊5分钟取出，倒掉盘底水，再将上汤放进鼎内，调上味料，用薄生粉水勾芡，上包尾油淋在石榴白菜上面即成。

特点

香醇软糯，具有金瓜特有的香味。

金瓜藏珍

原料	金瓜（南瓜）	1个（约700克）		
	糯 米	200克		
	湿香菇	10克	鸡 腿	100克
	虾 米	5克	腊 肠	50克
	鸡 肉	100克	熟莲子	100克
	芹菜末	20克	精 盐	5克
	鸡 粉	8克	味 精	4克
	胡椒粉	0.3克	麻 油	2克
	猪 油	20克	上 汤	100克
	生 粉	5克	生 油	1 000克（耗100克）

1. 先将金瓜刨去外皮，然后从距离瓜蒂约3厘米处用刀切开，作为盖用。另用汤匙在瓜芯处挖掉瓜籽，洗净、晾干水分。把糯米洗净，加150克清水炊成糯米饭候用。

2. 将腊肠、鸡肉、鸡腱、莲子、香菇分别切为细丁粒，虾米洗净切碎，再把鸡肉、鸡腱加入味料候用。然后将炒鼎洗净，烧热放入生油，待油热时将金瓜放进油内炸过，再把油倒出。把鼎放回炉位，投入少量生油，先放进香菇、虾米炒香，再放进鸡肉、鸡腱炒熟。然后把莲子投入炒一下，用餐盘盛起，和糯米一起搅匀，再加入精盐、味精、胡椒粉、麻油、芹菜末搅均匀，便成糯米饭馅料。

3. 把糯米饭馅料装入已炸过的金瓜芯内，稍压实，盛在汤窝内，放进蒸笼炊20分钟取出，盛在餐盘中。再把瓜蒂盖上，用上汤调上味料，用生粉开稀，勾芡，最后加入猪油搅匀，淋在金瓜外面即成。

翡翠竹笙卷

原料

干竹笙	15克
小白菜	10棵
鲜虾肉	200克
猪肥肉	5克
鸡　蛋	1个
火　腿	5克
精　盐	6克
味　精	6克
麻　油	3克
猪　油	10克
生　粉	15克
胡椒粉	0.1克
生　油	75克
上　汤	200克

特点

色鲜清新，味道爽滑。

 先将竹笙用温水浸发，洗净去掉黑色的杂质，再用清水漂洗几次，用滚水泡一下，捞起挤干水分，一条条砌整齐。然后用剪刀剪去头尾，取净10节，每节长约6厘米，再漂洗干净，压干水分待用。小白菜漂洗干净候用。

2 将鲜虾肉洗净后用洁白布吸干水分，放在砧板上用刀拍碎成泥，剁均匀，用炖盅盛起，加入精盐3克、鸡蛋白，用竹筷子搅均匀，搅至起胶待用。再把猪肥肉、火腿切成细粒，和生粉5克一起投入虾胶内搅均匀。把竹笙用剪刀分别剪开，摊开拍上生粉，分别酿上虾胶卷起，稍压实成筒状便成竹笙卷，放进餐盘内。

3 将竹笙卷放进蒸笼炊5分钟后取出。再把炒鼎洗净烧热，放入生油候热时投入小白菜爆炒（爆炒时要加清水才能保持翠绿，并且手要快），然后调入精盐、味精待用。把已炊好的竹笙卷用圆餐盘盛着，并留有一定空位。再将小白菜分别夹放在空位内。把上汤倒入鼎内煮滚，调入味精，用稀生粉水勾芡。最后加入猪油、麻油搅匀淋上即成。

鲜荷香饭

原料				
优质大米	250克	净芋头肉	200克
香　菇	10克	虾　米	15克
叉烧肉	100克	青　葱	50克
上　汤	200克	生　姜	20克
胡椒粉	0.2克		
麻　油	2克		
生　油	400克（耗100克）		
鱼　露	10克		
味　精	5克		
鲜荷叶	2张		

制法

1 先将优质大米用清水浸洗干净，然后用铝蒸盘盛着，加入上汤放入蒸笼，用猛火炊成熟饭待用。再把净芋头肉切成细丁，香菇浸洗后同叉烧肉分别切成细粒，虾米洗净后切碎，生姜剁成姜茸，青葱洗净后切成葱珠。

2 将炒鼎放入生油，油温约180℃时，把芋粒放入油内炸熟，捞起待用。把鼎内的油倒出，将鼎放回炉位，放少量生油，再放香菇、虾米炒香，后把葱珠用少量生油炒香待用。鼎内放入少量生油，把姜茸投入炒香，然后再把米饭放入，炒拌均匀，把芋粒、香菇、叉烧肉、虾米、葱珠加入炒，并调入味料拌均匀待用。

3 将一个大碗抹上生油，把荷叶放入碗内，再将已炒好的芋粒饭放进碗内的荷叶上，稍抹平，然后把荷叶包密，放入蒸笼炊10分钟，再把餐盘洗净，抹净水分，把已蒸好的荷叶饭翻转盖在餐盘上，上席时在席间用剪刀将荷叶的正中剪掉，露出圆形缺口即可。

冬瓜扣鸭

原料

冬 瓜	2 000克	熟鸭胸肉	400克
湿香菇	40克	芹菜末	30克
味 精	6克	精 盐	7克
		上 汤	300克
		胡椒粉	0.2克
		麻 油	3克
		粟 粉	5克
		生 油	500克（耗75克）

制法

1 先将冬瓜刨去瓜皮，取用近瓜皮处的冬瓜肉（约3厘米厚），其余削掉不用。将冬瓜用刀切成24片长方形，熟鸭肉也切成24片厚片。香菇洗净，用刀改件待用。

2 将炒鼎洗净，放入清水，候水滚时放进冬瓜片滚过捞起。把鼎内的水倒掉，洗净烧热，再倒入生油，候油温约150℃时，将冬瓜片投入，略炸片刻，连油倒回笊篱。再将炒鼎洗净放入滚水，把冬瓜片放入滚过，去其油质。把香菇放入鼎内用油炒香，然后把每一片冬瓜同一片鸭肉扣上，把香菇放入，摆砌在大碗内（像扣肉一样）。摆砌完毕后，再加入上汤、精盐、味精，放进蒸笼炊15分钟，使冬瓜片软烂入味便成。

3 把已炊好的冬瓜鸭取出，用鲍盘覆盖反转扣在盘间，使原汤泌出，倒入鼎内，用粟粉开稀勾芡，加入麻油、胡椒粉、包尾油搅匀，淋在上面，再撒上芹菜末即成。

什锦瓜盅

原料

冬 瓜	6个（小瓜）	
莲 子	25克	
湿鱿鱼丁	50克	鸡 壳（鸡骨架） 1个
腱 丁	50克	鸡肉丁 50克
蟹 肉	50克	生草菇 50克
熟猪肚丁	50克	熟火腿 15克
上 汤	400克	精 盐 7.5克
二 汤	150克	胡椒粉 0.5克
味 精	10克	

特点 汤清味美，夏令佳肴。

 将每个冬瓜切去三分之一，去掉瓜络、瓜籽，用刀将瓜底切齐。然后用小刀在瓜皮外面刻上花纹，洗净后滚水泡熟，再用清水漂凉，盛在炖盅里。

2 将鸡壳1个用滚水泡熟后洗净，用刀剁碎，放进冬瓜盅里，加入精盐3克，灌下清水后，入蒸笼约炊30分钟取出，把瓜内的鸡骨和水去掉待用。

3 将鸡肉丁、莲子、腱丁、草菇丁、蟹肉、猪肚丁、湿鱿鱼丁等放入炒鼎用二汤泡熟捞起，盛进瓜盅内，灌进上汤和味料，然后撒上火腿末、胡椒粉即成。

清醉草菇

原料

鲜草菇　　350克

猪瘦肉　　200克　　　白猪肉　　25克

上　汤　　400克　　　味　精　　3.5克

精　盐　　3.5克

猪　油　　500克（耗50克）

制法

☐1 先将鲜草菇用小刀剥去带有沙的部分，用清水洗净捞干。然后把炒鼎洗净烧热，放入猪油，待油温约180℃时，将草菇放进油鼎内熘炸过，捞起沥干待用。

☐2 把已熘过油的草菇盛入炖盅里，再把猪瘦肉用刀片成一大片，中间用刀尖划几下，然后盖在草菇上面。再放上白猪肉，和入味料，灌入上汤，放进蒸笼炊30分钟取出，去掉肉料，校对汤味的咸淡适当即成。

鱼头香嫩，
白菜软烂，
味道香醇。

鱼头白菜

原料				
大白菜	600克	松鱼头	500克
二　汤	750克	生　姜	20克
芹　菜	10克	红辣椒	1根
鱼　露	10克	胡椒粉	0.3克
		麻　油	3克
		生　油	150克

制法

1. 将松鱼头洗净，斩成6大件待用。再把白菜拆瓣，去掉较硬的外叶，洗净切为2段候用。生姜洗净切成丝。红辣椒切角。

2. 将炒鼎烧热，放入生油60克，然后放进鱼头用中火煎。在煎的过程中把鱼头块翻转，使其均匀受热，煎至鱼肉稍凝固便可。再把鼎洗净烧热，放进少量生油，待热时把姜丝投入，略炒一下，再将白菜放入爆炒，炒至菜身稍软时倒入二汤，再把已煎过的鱼头放在上面，加入胡椒粉，用中火炆约10分钟。再加入鱼露，然后盛在不锈钢小鼎内（要把菜和红辣椒角放在鼎底面，鱼头放在上面），放上芹菜段、麻油，上席时点上酒精炉加热即成。

紫菜鲜虾饼

原料

紫菜	2张		
鲜虾肉	300克		
猪肥肉	100克	马蹄肉	50克
面包麸	100克	鸡蛋	2个
芹菜	10克	味精	6克
精盐	6克	麻油	5克
胡椒粉	0.2克	生油	750克（耗100克）

特点 色泽金黄带黑，味道鲜香带爽，口感酥脆带嫩。

制法

1. 先将紫菜分别拍去微沙。鲜虾肉洗净，用洁白布吸干水分，放在砧板上，用刀拍成粒，剁成虾胶，盛在不锈钢盆里，加入精盐、味精搅拌均匀。用手拍至起胶，再将猪肥肉、马蹄肉和芹菜分别切成粒状，加入虾胶中，加上胡椒粉，搅拌均匀，最后加放麻油，搅均匀，即成馅料。

2. 将鸡蛋打开，把蛋液装于碗间，用筷子搅拌均匀，待用。再把2张紫菜摊开，将虾胶馅料分成2份，分别放在紫菜上面，用手摊铺均匀，抹平，再抹上蛋液。把面包麸倒在平盘间，把整张已准备好的紫菜全面酿上面包麸，稍压实，待用。

3. 将炒鼎洗净，烧热，放进生油，待油温约160℃时，分别把整张紫菜投入油中炸，用中慢火炸至表面呈金黄色并熟透，捞起。

4. 将已炸好的2张紫菜饼分别切成8块，摆盘即成。

清醉竹笙

原料

干竹笙	50克	鲜鸡壳（鸡骨架）	1个
猪瘦肉	200克	鸡　油	25克
干　贝	40克	上　汤	400克
味　精	5克	精　盐	4克
胡椒粉	0.3克		

制法

1 将干竹笙用温水泡发过，洗净并去掉黑色杂质，再用清水漂洗几次，最后用滚水泡一下捞起挤干水分，一条一条砌整齐，用刀切掉头尾，切为4厘米的段，放进炖盅内，加入鸡油、精盐。再将干贝用温水浸30分钟，放入炖盅内待用。

2 把猪瘦肉用刀片薄，再用刀尖扎几个孔，鸡壳洗净、剁碎，飞水去掉杂质。然后将猪瘦肉和鸡壳盖在竹笙上面，加入上汤，放进蒸笼炖30分钟，取出后拣去上面的猪瘦肉和鸡壳，加入味精，撒上胡椒粉即成。

特点：汤清香醇，豆腐软滑有味。

方鱼豆腐

原料					
水豆腐	20格		干草菇	50克
方 鱼	50克		味 精	5克
鸡 油	50克		猪瘦肉	150克
猪 骨	300克		上 汤	750克
			二 汤	200克
			胡椒粉	0.5克
			精 盐	2克
			鱼 露	5克

1 把草菇去掉头蒂和泥沙，用温水浸泡过，泡洗几次后捞起，挤干水分，放进炖盅内，加入鸡油、精盐、味精2克，同时把猪瘦肉用刀片开，同猪骨一起用滚水泡过洗净，盖在草菇上面，加入上汤100克，放进蒸笼炊30分钟。

2 把豆腐切成方块，放在另一个炖盅内，加入二汤200克，放进蒸笼炊20分钟后取出，泌干水分，再加入上汤200克和味精1克调味后，再放进蒸笼炊热。

3 将方鱼剥去头、皮、骨，取出鱼肉，用刀剁成小块，放进油鼎用慢火炸过。然后用滚水泡去油味，放进豆腐盅中再炊20分钟。

4 食时把草菇盅取出，将上面的猪瘦肉、猪骨去掉，拼入豆腐盅内，加入上汤450克，调入味精、鱼露、胡椒粉，然后倒入不锈钢小鼎内，上席时点上酒精炉即成。

蛋白草菇

原料

鸡　蛋	10个		干草菇	50克
火　腿	25克		鸡　油	50克
上　汤	750克		猪瘦肉	150克
鸡壳（鸡骨架）	1个			
味　精	8克			
猪　油	10克			
精　盐	3克			
胡椒粉	0.5克			
鱼　露	5克			

特点

草菇爽口清香。

蛋白清鲜嫩滑，

 制法

1 鸡蛋10个去壳，取用鸡蛋白，掺入凉的上汤200克，加味精2克、鱼露，用筷子搅拌，使之混合均匀。

2 用平底铁盘一个，抹上猪油，把蛋液倒入，放进蒸笼炊约8分钟取出，用刀切方块待用。

3 干草菇摘去蒂，清除泥沙，用温水泡软，连续泡洗几次后，挤干水分，放入炖盅内，加入鸡油、精盐、味精3克、上汤100克，再把猪瘦肉、鸡壳泡熟洗净盖在上面，放进蒸笼炊30分钟，取出去掉猪瘦肉和鸡壳。

4 把切好的鸡蛋白块砌在餐碗中，下蒸笼炊热，加入上汤450克和草菇、火腿片、味精3克、鱼露、胡椒粉即成。

原盅瓜圆

 原料

冬 瓜	2 000克	排 骨	250克
猪瘦肉	150克	干 贝	25克
蘑 菇	50克	鸡 肉	100克
鸡 腱	100克	方 鱼	20克
蟹 肉	75克	火 腿	20克
精 盐	5克	味 精	6克
上 汤	1 000克	生 粉	15克
芹菜末	50克	猪 油	500克

 制法

1. 将冬瓜刨去皮，用刀切取近瓜皮处的冬瓜肉约2厘米厚，其余不用。先把冬瓜切成方粒状，后用小刀把冬瓜粒削成圆球状，直径约2厘米。

2. 先将炒鼎洗净，放入清水，把冬瓜放进鼎内滚几下，捞起待用。再将鼎洗净倒入猪油，候油温约150℃时，把冬瓜圆投入略炸片刻，连同油一起倒回笊篱。炒鼎洗净，放入滚水，再投入冬瓜圆，滚去油质。然后捞过清水待用，同时把猪瘦肉片开，排骨斩块用滚水滚过。

3. 把冬瓜圆用大汤窝盛着，放上猪瘦肉、排骨、上汤500克、精盐5克，味精3克，用盖盖密，放进蒸笼炊35分钟。把干贝洗净，用碗盛着，加入上汤500克，放入蒸笼炊20分钟待用。

4. 把鸡肉、鸡腿、蘑菇、火腿分别切成丁状，并且把鸡丁、腿丁调上湿生粉拌匀。将炒鼎洗净，放入清水，候水滚开时，把鸡丁、腿丁、火腿丁、蘑菇、蟹肉分别泡热待用。再将已炖好的瓜圆取出，拣去排骨、猪瘦肉不用。把已炖好的干贝连汤倒入，加入剩下的味精搅匀。然后把丁料分入10个小炖盅内，再将瓜圆、干贝连汤分入10个盅内盖密，上席时放入方鱼末，炊热。原盅上，食时跟上芹菜末2碟。

香酥茄夹

原料

紫色茄子	300克	鲜墨鱼肉	200克
猪肥肉	50克	叉烧肉	50克
鸡　蛋	1个	蒜头肉	8克
精　盐	5克	味　精	5克
		胡椒粉	0.2克
		麻　油	2克
		生　粉	10克
		自发粉	100克
		生　油	1 000克（耗100克）

特点

外表酥脆，质地香醇。

 制法

1. 先将紫色茄子去蒂，刨去皮，切去头和尾，然后切成24块厚片状。再把鲜墨鱼肉洗净切成细块，加入味精、精盐，用食品搅拌器搅烂，搅成墨鱼胶。加入半个鸡蛋的鸡蛋白、生粉5克，搅拌均匀待用。

2. 把猪肥肉、叉烧肉均切成细粒，蒜头肉用刀剁碎，一起加入墨鱼胶肉，同时加入胡椒粉、麻油，再搅拌均匀。然后把茄片分别拍上生粉，再把墨鱼胶分成12份，分别粘在已拍上生粉的茄片上，再把另一片茄片盖上夹紧，便成茄夹，用餐盘盛着，放进蒸笼炊约6分钟便熟，取出待凉候用。

3. 将炒鼎洗净烧热，倒入生油候热。再把自发粉用碗盛着，加入清水60克、生油10克，用筷子搅成稀浆，便成脆皮浆。待鼎内油温约180℃时，把每件茄夹蘸上脆皮浆，放进鼎内炸，炸至呈金黄色时捞起，盛装在餐盘上即成。

脆皮豆腐

原料				
豆 腐	400克	鲜鱼肉	100克
腊 肠	75克	鸡 蛋	1个
湿香菇	10克	猪肥肉	100克
方 鱼	10克	青葱白	10克
精 盐	6克	胡椒粉	0.3克
味 精	6克	麻 油	3克
生 粉	20克	澄面粉	20克
生 油	750克（耗100克）		

制法

1. 先把豆腐放在砧板上用刀压烂，用汤盆盛着待用。再把鲜鱼肉用刀刨出肉泥，剁成茸，用大碗盛着，加入精盐3克、味精2克，用竹筷搅拌起胶，成鱼胶。腊肠、香菇、猪肥肉切成细粒，青葱白切成葱珠。方鱼去皮取肉制成方鱼末。

2. 将鱼胶、腊肠、香菇、猪肥肉、鸡蛋白、精盐、味精放进豆腐盆内，用手搅拌均匀。再加入葱白、方鱼末、生粉、澄面粉、胡椒粉、麻油，搅拌均匀。然后取4张薄保鲜纸，每张20厘米×20厘米，抹上生油，把已调好味的豆腐泥分成4份，分别放在已抹油的保鲜纸上抹平，抹成"日"字形薄状，包起放进冰箱冻至稍变硬。

3. 将炒鼎洗净，烧热放入生油。待油温约180℃时，将保鲜纸拆开，把豆腐放在铝筛上，放进油鼎内炸至金黄色，熟透即成。然后切件盛上餐盘便成。

彩丝腐皮卷

原料

腐 皮	2张	鸡 肉	150克
红萝卜	100克	笋 肉	100克
湿香菇	20克	韭菜黄	60克
甜 椒	50克	鸡 粉	10克
精 盐	5克	味 精	3克
胡椒粉	0.2克	麻 油	2克
生 粉	5克	生 油	1 000克（耗100克）

特点 外皮松脆，内嫩香醇。

制法

1 先将红萝卜刨皮，然后切丝待用。再把炒鼎洗净，放入清水，先放入笋肉煮熟，捞起，再放入红萝卜丝，泡过捞起待用。将甜椒切开去掉椒籽，湿香菇浸洗后压干水分。韭菜黄洗净待用。再将笋肉、甜椒、香菇分别切成丝状，韭菜黄切成段状。

2 将鸡肉片薄，切丝，调入味精1克、精盐2克，然后加入生粉1克拌匀。把炒鼎洗净烧热，放入生油50克，将鸡肉丝炒熟，倒出待用。放入生油50克，先放入香菇炒香，后放入甜椒丝、笋丝、红萝卜丝一起炒，再调入鸡粉、味精、精盐、胡椒粉，用湿生粉水勾芡，加鸡肉丝和麻油搅匀，用餐盘盛着待用。

3 将每张腐皮用剪刀剪成6块，再把馅料分别放在12块腐皮上包成卷筒状，用少量面粉和清水开稀作为粘口，粘密。然后把炒鼎洗净，倒入生油，待油温约180℃时，将已包好的腐皮卷逐件放入油鼎内，用中火油温炸至呈金黄色，捞起，排上餐盘即成。

绿衣佳人

原料

菠菜叶	75克	自发粉	100克
食用纯碱	0.1克	薄饼皮（小）	12张
鲜虾肉	150克	红萝卜	100克
鸡　肉	50克	猪肥肉	50克
番茄酱	100克	精　盐	4克
味　精	5克	白　糖	20克
麻　油	3克	粟　粉	20克
生　油	1 000克（耗150克）		

特点 外碧绿酥脆，内酸甜嫩滑。

制法

1. 先将鲜虾肉洗净，同鸡肉、猪肥肉均切成粒状，然后分别调入精盐、味精和粟粉待用。再将红萝卜切成细粒。把炒鼎洗净，放入清水，放进红萝卜粒同水一起滚几下，捞起待用。再将炒鼎洗净烧热，放进生油50克，分别把虾肉、鸡肉、猪肥肉炒熟，铲起。再倒入番茄酱、白糖，煮滚时倒入已炒好的虾肉、鸡肉、猪肥肉、红萝卜粒，用粟粉开稀勾芡，加入麻油搅匀，用餐盘盛起，放入冰箱冻至稍凝固便成馅料。

2. 把薄饼皮摊开分别放进馅料，包成约5厘米长的长方形，便成茄汁虾卷，待用。将菠菜叶洗净放进果汁搅拌器，加入含有食用纯碱的清水75克进行搅拌，搅成泥浆后用大碗盛出。然后把自发粉加入菠菜浆内，同时用竹筷搅拌均匀，再加入清水50克、生油10克，搅匀便成翠绿浆待用。

3. 将炒鼎洗净烧热，倒入生油，候油温约180℃时，把茄汁虾卷逐件蘸上翠绿浆后，放入油内炸。炸至碧绿硬脆时捞起，用餐盘盛着即成。

金笋豆腐酥

 金 笋（红萝卜） 200克

自发粉	150克	鲜鱼肉	100克
豆 腐	400克	腊 肠	100克
猪肥肉	100克	鸡 蛋	1个
芹菜末	40克	精 盐	8克
鸡 粉	10克	味 精	5克
胡椒粉	0.3克	麻 油	3克
生 粉	30克	澄面粉	30克
生 油	1 000克（耗150克）		

 制法

1 先将金笋刨皮，洗净切成细片，放进果汁搅拌器，然后加入清水200克进行搅拌，搅至金笋全部变成浆状，待用。

2 用刀将豆腐在砧板上压烂成豆腐泥，再将鲜鱼肉去掉细骨，用刀剁成茸，然后拍成泥，加入精盐4克、味精2克、鸡蛋白搅成鱼胶待用。把腊肠、猪肥肉均切成细粒。

3 把豆腐泥、生粉、澄面粉、鱼胶、腊肠、猪肥肉、芹菜末、鸡粉、胡椒粉、精盐、味精、麻油等一起搅拌均匀。然后做成24件，每件呈5厘米×3厘米的"日"字形，放进蒸笼炊5分钟取出候用。

4 先把自发粉放进大碗内，逐渐加入金笋浆，边加边搅，直至加完为止。再加入生油30克搅匀。将炒鼎洗净烧热，倒入生油，待油温约180℃时，把已炊好的豆腐逐件蘸上金笋浆，放入油内炸。待炸至酥脆，略呈金红色时捞起，盛入餐盘即成。

招财进宝

原料

豆　腐（中块）	10块		
意　粉	10根	青豆仁	75克
红萝卜	75克	蘑　菇	75克
带子肉	100克	洋　葱	75克
番　茄	75克	鸡　粉	15克
精　盐	5克	二　汤	100克
		鸡　蛋	2个
		胡椒粉	0.2克
		麻　油	3克
		粟　粉	15克
		面包糠	200克
		生　油	1 000克（耗200克）

特点　外表松脆，内香嫩滑。

制法

1　把红萝卜、蘑菇、洋葱、番茄、带子肉分别洗净，用刀切成细丁。青豆仁洗净待用。将意粉用温水浸软待用。

2　将炒鼎洗净烧热，倒入生油。候油热时，先把豆腐放进油内炸，炸至豆腐外表稍硬时捞起，再把油倒回，鼎内放进清水，待水滚时，分别放入红萝卜、青豆仁滚过，捞起待用。然后把炒鼎洗净，放少量生油，再分别把蘑菇、洋葱、带子肉炒过，同时放入青豆仁、番茄、红萝卜炒过。再加入二汤、精盐、鸡粉、胡椒粉炒匀，用清水开粟粉勾芡，加入麻油再炒拌均匀，用餐盘盛起便成馅料待用。

3　把已炸过的豆腐用剪刀剪掉一边，成一缺口，然后用手将豆腐口张开，分别装入馅料，用浸软的意粉将豆腐口稍扎紧待用。再将蛋液盛入碗内，用筷子搅打均匀待用。

4　将豆腐逐件蘸上蛋液后，再蘸上面包糠，然后放进油鼎内炸，炸至金黄色即捞起，盛在餐盘即成。

榄仁发财卷

原料

发 菜	50克		虾 胶	150克
榄 仁	75克		猪肥肉	50克
二 汤	200克		马蹄肉	75克
芹 菜	25克		芫 荽	25克
腐 皮	2张		精 盐	5克
味 精	6克		胡椒粉	0.2克
麻 油	3克		鸡 蛋	2个
生 粉	50克		生 油	750克（耗75克）

制法

1. 先将发菜用清水浸泡2小时后，再用清水漂洗几次，把已洗好的发菜用二汤以慢火炆过，炆至收汤为止，再用笊篱滤干水分待用。榄仁飞水后用油炸香，然后用刀切碎，再把猪肥肉、马蹄肉切成细粒，芹菜、芫荽切成珠待用。

2. 把发菜拌入虾胶，加入榄仁、马蹄（压干水分）、芹菜、猪肥肉、芫荽拌匀。再加入精盐、味精、胡椒粉、麻油搅拌均匀后，用腐皮包成4条卷状，放进蒸笼炆7分钟取出候用。

3. 先将鸡蛋白盛入碗，用筷子搅拌成均匀的蛋液，再把炒鼎洗净烧热，倒入生油，待油温约200℃时，把发菜卷切成24件，逐件酿上鸡蛋白后再蘸上生粉，放进油中炸。炸至发菜卷外表硬脆时捞起，盛入餐盘即成。上席时上甜酱佐食。

萝卜丝烙

特点

清鲜嫩滑，原汁原味。

白萝卜	400克	芹菜梗	15克
鲜 虾	100克	花生仁	40克
鱼 露	12克	味 精	6克
生 粉	50克		
澄面粉	50克		
生 油	100克		

制法

1　先将白萝卜刨去皮，洗净后放在砧板上用刀切成细丝，用不锈钢汤盆盛着，加入味精、鱼露搅拌均匀，静置10分钟，让萝卜丝受咸汁刺激出水。再将芹菜梗用刀切成细丝粒放入萝卜丝盆内，同时加入生粉、澄面粉搅匀待用。

2　将鲜虾脱壳取肉，去掉虾肠、洗净、切粒，把花生仁炒熟、去膜、切碎，同时放进萝卜丝盆内，再搅拌均匀待用。

3　将不粘平面鼎洗净，烧热放入生油20克，然后将已调好的白萝卜丝倒入鼎内，先把白萝卜丝搅匀使其糊化，再抹平。然后用中慢火煎烙，边煎边放进生油，煎烙一面后翻转过来煎烙另一面，煎烙至熟透即成。

煎秋瓜烙

原料

秋　瓜	500克	
青　葱	15克	
生　粉	150克	
鱼　露	8克	
麻　油	3克	
芝　麻	10克	

冬　菜	5克
鲜虾肉	100克
澄面粉	40克
味　精	5克
生　油	75克

特点 清鲜软滑，甜滋醇香。

制法 先将秋瓜刨皮洗净，放在砧板上用刀切成片状，再把鲜虾肉洗净切成粒状。冬菜用刀剁成茸，用汤盆盛着，放进鱼露、芝麻、味精，用竹筷搅拌均匀，静置，让其分泌出汁来，再加入生粉、澄面粉、冬菜、麻油，青葱洗净用刀切成葱珠，同时投入盆内一起搅拌均匀便成秋瓜烙浆。

② 将不粘平面鼎洗净烧热，加入生油25克。然后倒入秋瓜烙浆，稍搅匀，使其糊化，再抹平，用中慢火煎烙。煎好一面后再翻转过来煎烙另一面，边煎边放进生油，煎烙至两面稍呈金黄色，全熟透即成。

全家福豆腐

原料

豆　腐	3块（约350克）		
湿香菇	25克	韭菜黄	25克
熟笋肉	25克	金针菇	25克
红萝卜	25克	大红椒	25克
湿发木耳	25克	鱼　露	25克
味　精	5克	上　汤	200克
胡椒粉	0.1克	麻　油	3克
生　油	100克	生　粉	30克

特点　滑嫩带爽，鲜醇带香。

 制法

1. 先将豆腐每块片成2大片，然后切成薄条状待用。红萝卜刨去皮切成粗丝条。金针菇切成段。把炒鼎洗净，放入清水煮滚，把红萝卜和金针菇分别投入鼎内滚过，捞起待用。再把湿香菇、熟笋肉、湿木耳、大红椒（去籽）分别切成粗丝条，韭菜黄洗净切成段待用。

2. 把炒鼎洗净烧热，放进少量生油，并把豆腐条放入，用中火慢煎，边煎边转动炒鼎。待煎至一面稍金黄色后，在转动炒鼎时，同时翻转过来煎另一面，再煎至稍金黄色，用餐盘盛着。再放入生油，同时投入香菇、红辣椒炒过，并且将笋丝、红萝卜丝、木耳、香菇、豆腐条一起炒匀，再放入上汤一起约炆3分钟，然后加入鱼露、味精、胡椒粉和韭菜黄段，用薄生粉水勾芡。最后加入麻油搅匀，盛上餐盘即成。

秋瓜扣干贝

原料

秋　　瓜	2条（约1 000克）
排　　骨	100克
带骨鸡肉	100克
干　　贝	20克
上　　汤	100克
精　　盐	6克
味　　精	6克
鸡　　油	15克
生　　粉	10克

特点 清醇鲜香，翠绿爽滑。

1 先将秋瓜刨去瓜皮，洗净，用刀切开，再切成4块，把中间的瓜络去掉，切成段。把干贝洗净，排骨斩成4块，鸡肉切成4块，飞水后，同干贝一起放进汤窝，加入滚水300克，放进蒸笼炊1小时。然后取出，去掉排骨和鸡肉，再把干贝捞起，撕成干贝丝，汤汁过滤，待用。

2 炒鼎洗净，放入清水，水滚时再将已切好的秋瓜段投入鼎中，飞水捞起，然后把秋瓜段摆叠在不锈钢碗内，放上干贝丝及原汤300克，盖密放进蒸笼炊8分钟取出。

3 将已炊好的秋瓜段的汤汁和干贝丝倒入另一个碗中，然后将瓜段倒扣在鲍盘间。将炒鼎洗净，倒入已炊瓜段的汤汁，加入上汤、精盐、味精煮滚。用生粉开稀进行勾芡。最后加入鸡油搅拌均匀，淋在扣好的秋瓜上面即成。

香滑带稍爽，
送饭好菜色。

家乡秋茄

原料		
白秋茄		500克
花生仁		100克
蒜头肉		40克
豆	酱	35克
味	精	2克
虾	米	10克
鸡	粉	5克
麻	油	3克
生	油	100克

制法

1 先将白秋茄去掉茄蒂，用刀切成段。然后把炒鼎洗净，放入清水，同时把茄段放进冷水煮滚，约滚5分钟，使茄身软柔并熟透，捞起待用。再把蒜头肉用刀拍碎，剁成蒜头茸。将花生仁用鼎炒熟或用微波炉焗熟，待冷却后脱去花生仁膜，并用刀剁碎待用。将虾米浸洗干净，然后切碎待用。

2 将炒鼎洗净烧热，待鼎烧热时，先把生油倒入，然后将蒜头茸放入，用铁勺搅拌均匀，使蒜头茸有香味，并稍变金黄色时，再将豆酱倒入，同时把已煮好的白秋茄倒入，并且用铁勺用力把白秋茄边炒边揉烂，然后加入味精、鸡粉、麻油、虾米碎，再炒揉均匀，最后加入花生仁碎搅拌均匀，用餐盘盛着即成。

香酥莲藕盒

原料

鲜虾肉	200克	莲　藕	500克
猪肥肉	100克	鸡　蛋	5个
自发粉	150克	精　盐	8克
味　精	6克	胡椒粉	0.1克
麻　油	10克	生　油	100克

特点 外酥脆，内香醇。

118

制法

1. 先将莲藕刨去皮，用清水洗干净，切成24片，待用。

2. 将鲜虾肉洗净，用洁白布吸干水分，在砧板上用刀拍烂，制成虾胶，用不锈钢盘盛着，加入精盐、味精、胡椒粉搅拌均匀。然后再把猪肥肉切成细粒，加入虾胶和麻油，均匀搅拌即成馅料，待用。

3. 把已切好的莲藕片每片蘸上自发粉。把虾胶馅料分成12份，分别把每份馅料用两块莲藕片夹起来，做成盒状。再把鸡蛋打破，用大碗盛着蛋液，用筷子搅拌。再把每个藕盒蘸上蛋液，蘸上自发粉，压实待用。

4. 将炒鼎洗净，烧热，放入生油，待油温至160℃，把每个藕盒投进油中，用中慢火炸至金黄色，呈酥脆并熟透即捞起，装盘即成。

特点

鲜绿微甘,
绵爽香醇。

珠瓜煎蛋饼

原料

珠	瓜	500克
蒜头	肉	30克
鸡	蛋	4个
精	盐	10克
鱼	露	10克
味	精	5克
麻	油	5克
生	油	75克

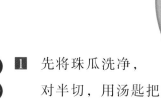

制法

1　先将珠瓜洗净，对半切，用汤匙把瓜籽挖掉，用刀顺瓜的横向切成薄片，用大碗盛着，加入精盐10克，搅拌均匀，静置10分钟后用手压干苦汁，然后用清水漂洗，连续3次，再压干待用。蒜头肉用刀拍破，再剁碎成茸待用。鸡蛋打破，蛋液盛在碗中，加入麻油，用竹筷搅拌均匀待用。

2　将鼎洗净烧热，放入生油35克，先把蒜头茸放进鼎内炒香，然后把珠瓜片放入炒熟，再加入鱼露、味精略炒一下，把珠瓜片拨在鼎的一边，再放入生油20克，将蛋液倒入，再把珠瓜片拨到蛋液中间，稍搅均匀一下抹成张，然后把整张瓜蛋翻转过来，再放入生油20克，煎至两面呈金黄色即成。

附录

部分烹饪专用词及原料、调料名称解释

焯——在滚水中略一煮就拿出来。

炊——清蒸。

蟹目水——煮至70℃时的清水。

飞水——在蟹目水中烫一下取出。

生粉——木薯淀粉。

薯粉——番薯淀粉。

雪粉——经漂白加工的番薯淀粉。

粟粉——玉米淀粉。

糕粉——又叫潮州粉，是用生糯米浸洗后，经炒熟磨成的粉。

澄面——经加工而成的无筋面粉，又称汀粉、小麦淀粉。

草鱼——鲩鱼。

脚鱼——甲鱼、鳖、水鱼。

螺蟾——螺头较硬部分。

生鱼——斑鱼。

蚝——牡蛎。

鱼饭——潮汕地区俗语：将多种多样的同类鱼装进小竹筐，撒上海盐，炊熟
　　　　即为"鱼饭"。

虾胶——鲜虾肉（剔去虾肠）捣烂后，加入味精、盐、生粉和蛋清搅匀。

冰肉——已腌过糖的猪肥肉。

瓜碧——糖制的冬瓜片。

金瓜——金黄色的南瓜。

吊瓜——黄瓜。

珠瓜——苦瓜，也叫凉瓜。

秋瓜——水瓜。

荸荠——马蹄，俗称钱葱。

银杏——指银杏果，即白果。

菜胆——油菜、白菜的芯。

香菜——生菜、莴苣菜。

芫荽——胡荽，个别地方叫香菜。

菜远——去掉花及硬茎，留最嫩的一段。

竹笙——竹荪。

红萝卜——胡萝卜。

菜脯——咸萝卜干。

姜薯——甜薯，其外表像姜一样有小毛根，是潮汕的土特产，肉色洁白，质地清、甘、香。

芋茸——芋蓉。"茸"为潮菜惯用词。

川椒——花椒。

淮盐——用炒好的川椒末与精盐一起拌匀而成。

胡椒油——熟油中加入胡椒粉。

元酱——甜酱，用白糖、辣椒酱煮成的。

梅膏酱——盐浸梅子和白糖捣成的酱。

糖油——白糖和清水熬煮成的糖浆。

北葱——大葱。

葱珠——葱花，指切碎的葱段。

葱珠油——将葱珠煎成金黄色，且有葱香味的熟油。

猪网油——也称网油，指猪腹部呈网状的油脂。

包尾油——菜肴在上碟前加入适量猪油，以增加光亮度。

注：书中有一些文字的含义可能与通用的不一致，如广府的"炒镬"，北方叫"炒锅"，但潮汕叫"炒鼎"。这是因为潮汕地区民间和餐饮界对传统的中原饮食古文化保留得较为完整，为了传承潮汕地区的特有文化，本书特意保留了部分地道的潮汕用语。